本书获得

贵州出版集团有限公司出版专项资金

支　持

“水·产·生·态·养·殖·技·术·手·册” 丛·书

稻渔

综合种养技术手册

贵州省农业科学院水产研究所 / 编
王 伟 李 礼 吴俣学 / 主编

贵州出版集团
贵州科技出版社

图书在版编目（CIP）数据

稻渔综合种养技术手册 / 贵州省农业科学院水产研究所编；王伟，李礼，吴俣学主编. -- 贵阳：贵州科技出版社，2022.8

（“水产生态养殖技术手册”丛书）

ISBN 978-7-5532-1069-8

Ⅰ. ①稻… Ⅱ. ①贵… ②王… ③李… ④吴… Ⅲ. ①水稻栽培－手册 ②稻田养鱼－手册 Ⅳ. ① S511-62 ② S964.2-62

中国版本图书馆 CIP 数据核字 (2022) 第 101083 号

稻渔综合种养技术手册

DAOYU ZONGHE ZHONGYANG JISHU SHOUCE

出版发行	贵州出版集团　贵州科技出版社
地　　址	贵阳市中天会展城会展东路 A 座（邮政编码：550081）
网　　址	http://www.gzstph.com
出 版 人	朱文迅
策划编辑	朱文迅　程冠华　袁　隽
经　　销	全国各地新华书店
印　　刷	贵州新华印务有限责任公司
版　　次	2022 年 8 月第 1 版
印　　次	2022 年 8 月第 1 次
字　　数	57 千字
印　　张	3.25
开　　本	787 mm x 1092 mm　1/32
定　　价	19.80 元

天猫旗舰店：http://gzkjcbs.tmall.com

京东专营店：http://mall.jd.com/index-10293347.html

“水产生态养殖技术手册”丛书编委会

序

近年来，我国水产养殖业发展取得了显著成绩，党中央、国务院高度重视生态文明建设和水产养殖业绿色发展。加快推进水产养殖业绿色发展，是落实新发展理念、保护水域生态环境、实施乡村振兴战略、建设美丽中国的重大举措和必然选择。2019 年农业农村部、生态环境部、自然资源部等十部委联合发布的《关于加快推进水产养殖业绿色发展的若干意见》（农渔发〔2019〕1 号），为新时代渔业绿色发展指明了方向。2021 年，《贵州省国民经济和社会发展第十四个五年规划和二〇三五年远景目标纲要》提出，加快做大做强十二个农业特色优势产业，积极发展生态渔业。2022 年国务院发布的《国务院关于支持贵州在新时代西部大开发上闯新路的意见》（国发〔2022〕2 号）提出，支持贵州在新时代西部大开发上闯新路，在乡村振兴上开新局，在实施数字经济战略上抢新机，在生态文明建设上出新绩。

自 2018 年以来，贵州省委、省政府就将生态渔业列为全省十二大农业特色优势产业之一，生态渔业为 2020 年贵州撕掉千百年来的“绝对贫困”标签，打赢脱贫攻坚战，作出了重要贡献。现正处于乡村振兴的重要时期，如何结合农村实际情况，发挥好生态渔业的特色产业优势，是巩固拓展产业扶贫成果、实施乡村振兴战略的重要课题。

由贵州省农业科学院水产研究所牵头编写的“水产生态养殖技术手册”丛书，是“贵州乡村振兴”书系的重要组成部分。该丛书围绕当前农村地区水产养殖存在的养殖管理技术水平有限、养殖品种选择不准确等常见问题，向广大养殖户介绍常规养殖品种（如草鱼、鲤鱼、鲫鱼等）以及养殖效果较好的黄颡鱼、斑点叉尾鮰、牛蛙、加州鲈、鲟鱼、观赏鱼等特色养殖品种，对传统“稻渔”养殖模式进行分析，从养殖品种的生态习性、养殖管理方法、病害防治等多个方面进行最新知识的普及与技术手段的传播，以期解决养殖户日常碰到的各种养殖难题。整套丛书内容专业全面，形式生动活泼，指导性强，其出版可谓是生态渔业科普领域一项非常有意义的创新性工作。

衷心祝愿该丛书的出版获得成功！希望该系列图书能为每一位读者答疑解惑！

国家重点研发计划项目首席科学家，二级研究员 王桂堂

2022 年 7 月 7 日

目 录

第一篇 田间工程建设 …………… 01

第二篇 水稻种植技术 …………… 13

第三篇 稻＋鱼种养模式 ………… 25

第四篇 稻＋鱼＋鸭种养模式 ‥ 33

第五篇 稻＋虾种养模式 ………… 37

第六篇 稻＋蟹种养模式 ………… 49

第七篇 稻＋鳖种养模式 ………… 59

第八篇 稻＋鳅种养模式 ………… 71

第九篇 稻＋蛙种养模式 ………… 83

附 录 名词解释 ……………… 94

第一篇

1

田间工程建设

什么样的稻田适合建设“稻+N”模式？

稻田环境

★ 周围无工业“三废”(废水、废气、废渣)及城镇生活、医疗废弃物等污染源。

★ 保水不漏。

★ 集中连片，好管理。

水源、水质

★ 水源充足，取水方便，久旱不涸，雨水不漫。

★ 水质无污染，无异色、异臭、异味。

养殖沟、养殖凼的开挖原则

根据稻田的形状、面积和养殖模式，可单独开挖环沟，也可环沟、田间沟、鱼凼配合开挖。养殖沟、养殖凼开挖的深度不能破坏耕作层。

养殖沟、养殖凼的面积不超过稻田总面积的 10%。

面积小或长窄形的田块不开环沟。

如何开挖环沟？

★ **需种植水草的种养模式**（如稻＋虾、稻＋蟹）：开挖大环沟。

环沟规格：

距田埂四周 1~2 米，宽 3~5 米，深 1.0~1.5 米，在环沟内种植水草。

★ **不需种植水草的种养模式**（如稻＋鱼、稻＋鳅、稻＋鳖、稻＋鱼＋鸭）：开挖环沟。

环沟规格：

根据田块的大小决定。距田埂四周 0.5~1.0 米，宽 0.7~5.0 米，深 0.4~2.0 米。

稻 + 蛙模式：

沿田埂内侧四周开挖环沟；或采用垄沟模式，即垄上栽稻，沟内养蛙。

环沟、垄沟规格：

宽 0.6 米，深 0.4~0.5 米。

如何建设防逃设施?

★ **稻＋鱼、稻＋鱼＋鸭模式：**

田埂高 0.4~0.5 米，进水口、排水口安装栅栏；鸭的防逃设施要因地制宜，必要时可以在稻田四周安装聚乙烯围网。

★ 稻＋蟹、稻＋虾、稻＋鳖、稻＋鳅模式：

除做好进水口、排水口防逃设施外，还应在田埂上搭建防逃墙。防逃墙一般用塑料布、塑料薄板或彩钢板来制作。在田埂外沿稻田四周挖约 0.2 米深的沟，将防逃墙材料埋入沟中，使防逃墙露出田埂平面 0.4~0.6 米，每隔 1 米用竹、木棍等来支撑固定。防逃墙应向内倾斜，拐弯处呈弧形。

★ **稻 + 蛙模式：**

在稻田四周打木桩，用尼龙纱网建造防逃隔离带，将尼龙纱网埋入田埂泥土中 0.3 米，地面上纱网保留 1.0~1.2 米高，顶部设计向稻田内伸出 0.2~0.3 米宽的倒檐，最后在每隔 1.5 米处用竹竿固定。

稻 + 鳖模式的食台、晒背台

应在沟的一侧每隔 10 米左右设置长 1.5~3.0 米、宽 0.5~0.8 米的木板台或石棉瓦台，作为鳖的摄食和晒背场所。食台和晒背台的一端在田埂上，另一端没入水下 5~10 厘米。

防敌害设施

敌害生物主要包括蛇、鼠、水鸟等，可在修建沟、凼、埂时加强驱捕，封死鼠洞、蛇洞，同时做好进水口、排水口的防护设施。此外，还可以在蛇、鼠经常出没的地方安装捕蛇器、捕鼠器；通过安装驱鸟器、悬挂彩带、布置防鸟网等来驱逐水鸟。

防鸟网

如何修建鸭棚？

在田边或田埂边比较宽阔的地方搭建鸭棚，供鸭栖息。

鸭棚高 0.8 米，长 1.8~2.5 米，宽 1.0~1.5 米。采取棚顶遮盖、三面遮挡的方式，防寒、保温和防止兽害。鸭棚内部地面应该高出外部地面，可以用细沙、土壤或谷草等通风透气性良好的材料铺垫内部地面。每亩（1 亩 ≈ 667 平方米）* 稻田应设置鸭棚 1~2 个。

* 鉴于本书为农业科普性质图书，为便于广大农民群众阅读理解与实际操作，本书质量单位采用“公斤”，面积单位采用“亩”，并在全书第一次出现处分别给予其与“克”“斤”和“平方米”的换算关系；物理单位采用文字表述（如“平方米”）。

第二篇

2

水稻种植技术

“稻 +N”模式的水稻怎么种才能兼顾稻和 N？

★ **品种选择：**

根据各栽种地区的海拔、气温，选择适宜当地栽种的优良品种。

选择原则：① 抗逆性强，抗倒伏，耐寒性强；② 必须选择经过国家农作物品种审定委员会或贵州省农作物品种审定委员会审定（认定）的优良水稻品种。

★ **种子质量：**

粒形整齐，谷粒饱满、颜色鲜亮，种子干净且无土粒、沙砾等杂质。

★ **栽种要求：**

稻田消毒和施肥后，在秧龄 30 天左右、秧苗长到 5 叶 1 心时移栽。杂交稻苗，每亩栽种 8000~11 000 穴，采用宽窄行移栽方式，宽行 40.0~43.3 厘米，窄行 26 厘米，每穴距离 16~23 厘米，每穴栽 2 株谷秧；香禾糯苗，每亩栽种 6000~8000 穴，采用等行距移栽方式，行距 33~45 厘米，每穴距离 23 厘米，每穴栽 4 株谷秧。

水肥管理的关键是什么?

★ **水分管理:**

移栽至返青前，保持稻田水的深度在 5~10 厘米之间；水稻返青后，稻田水的深度可增加到 15 厘米左右。

★ **稻田施肥:**

插秧前，每亩稻田施复合肥（N：P_2O_5：K_2O = 15%：15%：15%）20~30 公斤（1 公斤 =1000 克 =2 斤），或者过磷酸钙 30 公斤、尿素 5 公斤，作底肥；插秧后 5~7 天，每亩稻田施尿素 7~10 公斤，作分蘖肥；拔节后，每亩稻田施尿素 5 公斤左右，千万不要施用碳酸氢氨等刺激性强的肥料，而且肥料最好不要直接撒施到鱼沟、鱼凼里。

稻田施肥

防治病虫害时怎样兼顾稻、渔产品?

防治原则:

遵循“预防为主，综合防治”方针，主要以生物防治、物理防治为主，适时采用化学防治，但只能选用高效、低毒、低残留的农药，禁止使用高毒、高残留的农药。

用药方法:

采用喷雾方式。喷药时，要将药液喷在叶面上，喷药时间掌握在阴天或者下午 5 点后。喷药前要尽量将田间水灌深，喷药后要及时换水。喷药与施肥不应在同一天进行，应先喷药、换水后再施肥，而且不应在下雨前喷药。稻田常见病虫害的防治参照下文表 1 执行。

农　药

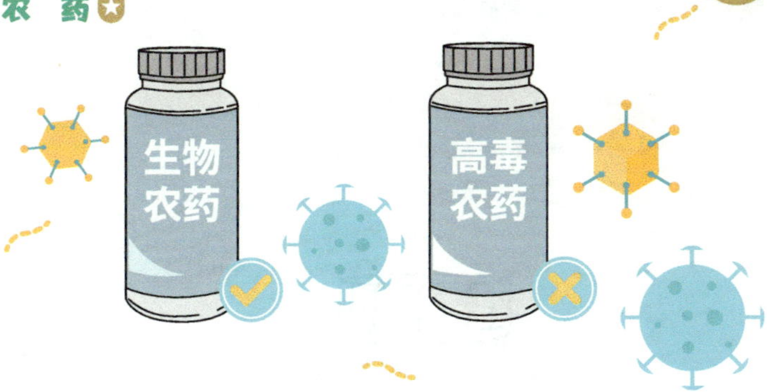

喷雾方式

禁止销售、使用的农药

我国自 2016 年 5 月 1 日起禁止销售、使用高毒、高残留农药。

表 1　水稻常见病虫害防治方法

病虫害	防治时期	防治药剂及其用量	用药方法
稻蓟马	★秧田卷叶株率15%，百株虫量200头 ★大田卷叶株率30%，百株虫量300头	吡蚜酮（粉剂），每亩稻田4.0 ~ 4.3克，兑水喷洒	喷雾
褐飞虱	卵孵高峰期至1~2龄若虫期	★噻嗪酮（粉剂），每亩稻田7.5 ~ 12.5克，兑水喷洒 ★吡蚜酮（粉剂），每亩稻田4.0~4.3克，兑水喷洒	喷雾
稻水象甲	百蔸成虫30头以上	杀虫双（溶液），每亩稻田50毫升，兑水喷洒	喷雾

续 表

病虫害	防治时期	防治药剂及其用量	防治方法
白背飞虱	卵孵高峰期至1~2龄若虫期	噻嗪酮（粉剂），每亩稻田7.5~10.0克，兑水喷洒	喷雾
稻纵卷叶螟	卵孵盛期至二龄幼虫前	★氯虫苯甲酰胺（溶液），每亩稻田10毫升，兑水喷洒 ★杀虫双（溶液），每亩稻田72毫升，兑水喷洒	喷雾
二化螟、三化螟	卵孵高峰期	★氯虫苯甲酰胺（溶液），每亩稻田2毫升，兑水喷洒 ★杀虫单（溶液），每亩稻田45~63毫升，兑水喷洒	喷雾

续　表

病虫害	防治时期	防治药剂及其用量	防治方法
稻瘟病	发病初期	三环唑（粉剂），每亩稻田 15~20 克，兑水喷洒	喷雾
纹枯病	发病初期	★井冈霉素（粉剂），每亩稻田 150.0~187.5 克，兑水喷洒 ★配制好的苯醚甲环唑、丙环唑合剂（粉剂），每亩稻田 4.5 ~ 6.0 克，兑水喷洒	喷雾
稻曲病	破口前 3~5 天	配制好的苯醚甲环唑、丙环唑剂（粉剂）合剂，每亩稻田 4.5 ~ 6.0 克，兑水喷洒	喷雾

续　表

病虫害	防治时期	防治药剂及其用量	防治方法
秧苗立枯病	水稻秧苗 2~3 叶期	★广枯灵（粉剂），每亩稻田 3 ~ 6 克，兑水喷洒 ★敌克松（粉剂），每亩稻田 58.3~65.0 克，兑水喷洒	喷雾

第三篇

3

稻+鱼种养模式

怎么选择鱼种?

推荐一：松浦镜鲤

中科院黑龙江水产科学研究所选育的无鳞新品种。

优点:含肉率高，生长速度快，成活率高，适应性和抗病力强，易垂钓或捕捞，人工驯化程度高，养殖经济效益高等。

推荐二：福瑞鲤

以建鲤和野生黄河鲤为原始亲本进行杂交选育后获得的鲤鱼新品种。

优点：生长快(比普通鲤鱼提高 20% 以上，比建鲤提高 13.4%)，体型好(体长/体高约 3.65)，饲料转化率高(饵料系数在 1 左右)，适应能力强，遗传性状稳定等。

鱼种怎么放养？

放养前准备：

下田前，用 3%~4% 的食盐水浸浴消毒 5 分钟；或者用 10~20 毫克 / 升的高锰酸钾溶液浸浴 15~30 分钟。下田前还要调节盛鱼容器中的水温，要与放入稻田的水温温差不超过 3 ℃才行。

鱼种规格：

每尾鱼的体重在 50~150 克之间较为适宜。

放养密度：

粗养，预期每亩鱼产量为 10~15 公斤，每亩需要投放鲤鱼种 3~5 公斤；精养，预期每亩鱼产量为 30~50 公斤，每亩需要投放鲤鱼种 10~15 公斤。

用什么饲料？怎么投喂？

饲料来源：

全价配合饲料，或者是农副产品（如米糠、麸皮、菜籽饼等）。

全价配合饲料投喂量：

按鱼总体重的 2%~3% 投喂。

农副产品投喂量：

按鱼总体重的 2% 投喂。每天巡视时还需根据投喂量的剩余情况酌情增减。

投喂方法：

向鱼沟内每天投喂 2 次，坚持定时、定位、定质、定量的“四定”原则。

怎么防治病害？

防治原则

预防为主，治疗为辅，科学管理，营养均衡，加强体质。

烂鳃病

症状：

身体发黑，黏液增多，游动缓慢，食欲不振，上下窜游，鳃丝腐烂，或呈花瓣鳃，或鳃部开天窗。

防治措施：

下塘前用 10 毫克 / 千克的漂白粉溶液浸浴 15~30 分钟，或者用 2%~3% 的食盐水浸浴 10~15 分钟。

赤皮病

症状：
病鱼体表局部或大面积出血、发炎，鳞片脱落，特别是鱼体两侧和腹部最为明显。

防治措施：
发病季节，每半个月，每公斤鱼体重用 15~20 毫克生石灰或 1 毫克漂白粉，沿鱼沟、鱼坑均匀泼洒 1 次。

水霉病

症状：

病鱼急躁不安，独游或浅滩游，游动缓慢，体表有絮状水霉附生，皮肤黏液增多。

防治措施：

沿鱼沟、鱼坑泼洒食盐、碳酸氢钠（小苏打）(1 ：1) 合剂，浓度为 80 毫克 / 千克。

第四篇

4

稻＋鱼＋鸭种养模式

鱼、鸭选择什么品种？怎么养？养多少？

鱼：

松浦镜鲤、福瑞鲤、建鲤或本地鲤；规格为每尾50~150克；每亩10~15公斤。

鸭：

具有种畜禽生产经营许可证的厂家出产的，并经检疫检测合格；20~25日龄下田；每亩10~20只。

怎么养鸭？

喂养：

鸭在放养初期，早、晚都需要补喂碎米（麦）、玉米粉或小鸭配合饲料；放养 15 天之后，才可以不补充饲料。若出现稻间草、虫等活食减少，或者鸭长大后食量增加等情况，也需要在傍晚添喂饲料。

巡田：

查看水位、水质是否正常，观察鱼类活动情况有无异常，检查鱼类有无浮头，检查鱼和鸭有无死亡和生病的，观察鱼和鸭是否受到敌害（如水蛇、水鸟、老鼠等）侵袭；做好防洪、防旱、防逃、防盗工作；绝对不要在田中洗涤施用过农药的器械等。

怎么防治病害？

原则：

坚持“预防为主，防重于治”“无病早防，有病早治”。

防治措施：

给 1 日龄雏鸭注射病毒性肝炎疫苗；给 5 ~ 7 日龄雏鸭注射鸭疫里默氏杆菌、大肠杆菌二联疫苗；给 7 ~ 10 日龄雏鸭注射禽流感疫苗；给 20 日龄的鸭注射鸭瘟疫苗。

第五篇

5

稻+虾种养模式

下田前需要哪些准备工作？

环沟消毒 + 沟内种草 + 施有机肥肥水

环沟消毒：

新开挖的虾沟可用生石灰消毒，用量为 50~75 千克 / 立方米。若虾沟在上一年饲养过克氏原螯虾（小龙虾），应该先清理虾沟，修整沟壁，再用茶籽饼消毒，用量为 25~40 千克 / 立方米。

沟内种草：

以伊乐藻、轮叶黑藻等沉水植物为主，覆盖面积应占环沟面积的 50%；以水花生、凤眼莲、浮萍等漂浮植物为辅，覆盖面积应占环沟面积的 20%。

施有机肥肥水：
苗种放养前 7~10 天，在稻田内施腐熟的有机肥，用量为每亩 300~400 公斤。

选择什么品种的虾？怎么投放？投放多少？

虾种选择：

稻 + 虾共作，推荐第一年放养克氏原螯虾亲虾。

亲虾选择标准：

外表颜色暗红或深红色，有光泽，附肢齐全，无病无伤，体格健壮，活动能力强，以虾龄 8 ～ 12 个月、体重 30 克以上、体长 10~15 厘米最为适宜。

投放时间：

9 月上旬将亲虾直接投放在稻田内。

投放密度：

每亩 30 公斤，雌虾：雄虾 =（2~3）：1（即 2~3 只雌虾搭配 1 只雄虾）。

投放要求：

用 5~10 克 / 立方米的聚维酮碘溶液（有效碘 1%）或高锰酸钾溶液浸洗虾体 5~10 分钟，具体时间要根据虾体的忍受程度灵活掌握。虾体浸洗后，用稻田水淋洗 3 遍，再将亲虾均匀分开，轻放到浅水区或水草密集的地方，让它们自己爬入水中。

浸洗虾体

怎么投喂?

日常以青绿饲料为主，每天投喂量应该达到虾总体重的 1%~2%。投喂地点选择虾沟内浅水处，适当分散投喂。投喂应遵循定时、定位、定质、定量的原则。

蜕壳期、繁殖期

对处于蜕壳期、繁殖期的虾要加强饲料管理，提高动物性饲料（如螺蚌肉、鱼糜或屠宰场下脚料等）投喂量，并在每天的饲料中添加蜕壳素、磷酸二氢钙等。

日常管理怎么做？

水质：

根据天气、水色加注新水，注水前后水的温差不能超过3 ℃，保持稻田水溶解氧含量在5毫克/升以上，酸碱度（pH）达到7.5~8.5（过低可以用生石灰来调节），氨氮含量不能超过0.2毫克/升，亚硝酸盐含量不能超过0.1毫克/升，透明度达到30~40厘米。

巡田：

观察天气状况，检查虾的活动情况、摄食情况以及虾沟中水生植物的生长情况，检查防逃设施是否牢固、田埂是否塌漏等。

防病：

坚持“预防为主，综合防治”的方针，主要以生物防治、物理防治为主，适时采用化学防治。

水 草

水草面积始终保持为环沟面积的 60%~70%，不足时应及时补充。

什么时候可以捕捞上市？

捕捞时间：

第一次捕捞从 4 月中旬开始，到 5 月底结束；第二次捕捞从 8 月上旬开始，到 9 月底结束。

捕捞工具：

一般选择用地笼捕捞，地笼的网目规格为 1~2 厘米。

捕捞方法：

将地笼布放于稻田和虾沟内，每隔 5 天改变一下布放位置。经 3 ~ 5 次捕捞后，可排出稻田中的积水，将地笼集中于虾沟中捕捞。

亲虾留存：

在第二次捕捞期间，前期遵循“捕大留小”、后期遵循“捕小留大”的原则，亲虾存田量每亩不少于 15 公斤。

第六篇

6

稻＋蟹种养模式

蟹的苗种怎么选择？怎么放养？

苗种来源：

中华绒螯蟹，来自具有生产许可证和苗种检疫合格证的苗种繁殖场。

苗种质量：

选择体格健壮，规格均匀，甲壳附肢完整，无病无伤，爬行活跃，倒地后迅速翻爬的苗种。

苗种规格：

每公斤有 100~160 只苗种是比较适宜的。

放养前消毒：

放养前要用 20 毫克 / 升的高锰酸钾溶液浸浴 1 分钟，或者用 3%~4% 的食盐水浸浴 4~6 分钟。

放养时间：

在插秧后 15 天，水稻秧苗返青后，放入养殖田。

放养密度：

每亩放养 500~600 只。

放养方法：

在田边选择多个地点投放，任苗种自行爬入稻田。

怎么投喂?

饲料来源：

日常以蟹沟内种植的水草（如伊乐藻、轮叶黑藻等）为主，再补充部分配合饲料。

每天投喂量：

应该根据蟹体大小来补充配合饲料，一般是按照蟹总体重的5% 投喂。

投喂方法：

选择在蟹沟内沿环沟浅水处多个地点均匀投喂，坚持定点、定时、定质、定量的“四定”原则。每天投喂 2 次，但傍晚的投喂量要占全天投喂量的2/3。

怎么管理水质?

在水稻生长期间，稻田水要保持 10~20 厘米的深度，蟹沟水要保持 50~80 厘米的深度。定期监测水质，根据水质状况及时进行调控。保持稻田水 pH 在 7~9 之间 (最适宜的 pH 是 7.8~8.5)，溶解氧含量不低于 5.0 毫克 / 升。经常加注新水，保持水质清新，同时要确保水温变化幅度不大。适宜水温为 15~30 ℃，其中又以 20~25 ℃为最佳水温。使用井水时，注意应该充分曝气和提高水温。

如何做好病害防治？如何捕捞？

病害防治：

做好日常管理，坚持“预防为主，防重于治”“无病早防，有病早治”的原则。

捕捞收获：

自 9 月下旬开始 , 用地笼网诱捕 , 也可利用蟹的趋光性，晚上用灯光诱捕。

地笼诱捕

怎么做好分级暂养、育肥上市？

分级暂养：

将经过分拣的附肢完整、无病无伤的商品蟹放入有围栏的池塘中暂养育肥，有条件的地方也可采用在池塘中放置蟹笼来分级暂养。

育肥上市

暂养育肥期间，饲料以专用育肥饲料为主。9 月，每天的投喂量占蟹总体重的 7%~8%；10 月至 11 月初，每天的投喂量占蟹总体重的 5%~7%；11 月中旬后，每天的投喂量占蟹总体重的 1%~3%。

第七篇

7

稻+鳖种养模式

鳖种怎么放养？

鳖种来源：

中华鳖，来自具有生产许可证和苗种检疫合格证的苗种繁育场，并经检疫检测合格。

鳖种质量：

规格整齐，体格健壮，年龄相同，无病害发生。

鳖种规格：

每只 400~500 克。同一田块放养的鳖种个体之间，体重相差不超过 50 克。

放养密度

每亩放养 50~100 只。

放养时间

在水稻插秧 15 天后，水温稳定在 22 ℃以上时放养；温室鳖种在 5 月底以后放养。

放养鳖种时要注意什么?

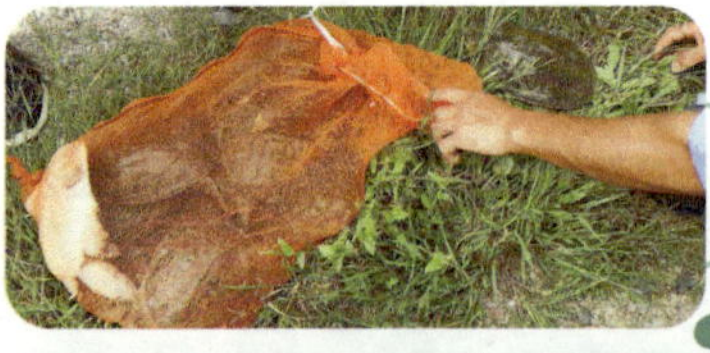

★ 雌雄分开，而且要避免在晴天中午放养。

★ 放养前，根据鳖种的健康情况，用 10 毫克 / 升的高锰酸钾溶液或 3% 的氯化钠溶液浸浴，浸浴时间应由水温和鳖的忍受程度而定，一般为 10~30 分钟。浸浴时应有足够的水体和活动空间，以鳖能在药液中自由活动为度。

★ 剔除在运输中因相互咬伤、碰撞等造成细菌感染而引发皮肤溃烂的鳖种。

★ 让鳖种自行爬入稻田中。

怎么选择饲料？

动物性饲料

蚯蚓、螺、小虫、泥鳅、黄粉虫、小鱼、蝇蛆等。

植物性饲料

瓜果、蔬菜、红薯等，也可辅以配合饲料。

怎么投喂？

投喂方法：

投喂前，先将新鲜的动物性饲料、植物性饲料洗净，用 20 毫克 / 升的高锰酸钾溶液浸泡 15~20 分钟，再洗净、切碎，配合饲料要加工成软硬、大小都适宜的团状，投在饵料台上。投喂前还要清扫饵料台上的残饵，保证饵料台清洁。

每天投喂量

鳖种入田后就可以开始投喂，每天的投喂量占鳖总体重的 3%~5%，具体投喂量还需要根据水温、天气等情况调整，每天投喂 1~2 次。

投喂原则

要遵循定时、定量、定位、定质的“四定”原则来投喂。每次的投喂量以鳖种能在 1 小时内吃完为宜。生长高峰期每天还要辅助投喂鲜鱼、猪肝等。

日常怎么管理?

水位控制:

根据水稻不同生长期对水位的要求，控制好水位，适时加注新水。稻田水的深度要保持在 15~20 厘米，高温季节还要适当加深水位。水稻收割前需适当降低水位，露出耕作层。在水稻害虫高峰期，水位要适当提升，便于鳖摄食害虫的幼虫和成体。

晒（烤）田

缓慢降低水位，让鳖自行爬到沟、凼中进行晒（烤）田，待晒（烤）田结束后再恢复原水位。

巡　田

每天早、晚各巡田 1 次。巡田时要检查排灌、防逃设施，观察水位、水质、水稻生长、鳖摄食、田间杂草生长、病虫害等情况。

消　毒

每周 1 次，用生石灰或氯制剂溶液对食台和晒背台进行消毒。

怎么防治病害?

防治原则：

预防为主，防重于治。

常见疾病：

鳖的病害包括三大类。第一类是细菌性疾病，常见的有红脖子病、腐皮病、疥疮病、白点病等;第二类是真菌性疾病，常见的有白斑病、水霉病等；第三类是非生物病害，包括脂肪代谢不良、应激、相互伤害等。

防治措施：

在养殖过程中，应建设专门的病鳖隔离池，并加强检查，一旦发现鳖的活动、体色、吃食等异常，体表出现充血、溃烂、异常凸起或斑点、黏液增多等症状时，就要及时进行隔离饲养。鳖的常见病害及其治疗方法参照表 2 执行。

表 2　鳖常见病害及其治疗方法

病害	主要症状	治疗方法
红脖子病	鳖的咽喉部、颈部肿胀，红肿的脖子伸长而不能缩入壳内，腹部出现红色斑点，肌肉水肿，行动迟缓而浮于水面，时而匍匐于陆地，人走近也不逃避	用 10 毫克 / 升的氟苯尼考等敏感药物进行药浴治疗，浸浴时间视鳖的忍受程度而定
腐皮病	鳖的颈部、裙边、四肢、尾部等多处皮肤腐败、溃烂，皮肤组织坏死而变白或发黄，进而发生溃疡	在发病季节，每周用 2~3 毫克 / 升的漂白粉溶液对鳖进行药浴治疗
白斑病	将病鳖放入水盆中，水深要能淹没鳖体，这时可见鳖背上有一块块白斑	用磺胺嘧啶软膏涂搽病鳖患处

续 表

病害	主要症状	治疗方法
疥疮病	发病初期，在颈部、背甲、腹甲、裙边或四肢等处出现 1~2 个疖子，病鳖不食不动，常伏于食台上	将病鳖置于 2%~3% 的氯化钠溶液中浸泡 15 分钟
白点病	白点可遍布全身，在鳖的颈部、背部、四肢的角皮下会出现如同粟米、绿豆大小的白色或淡黄色的斑点	将病鳖用 2% ~ 3% 的氯化钠溶液浸浴 15 分钟后，再每天晒 1~2 小时
水霉病	病菌在鳖的体表尤其是四肢基部和颈部大量寄生，形似棉絮状，有时菌丝上粘有污泥	可用 3% ~ 4% 的氯化钠溶液浸浴病鳖 5 分钟

第八篇

8

稻＋鳅种养模式

怎么放养？怎么消毒？

鳅品种：

此处的“鳅”，特指作为养殖品种的泥鳅和大鳞副鳅（台湾泥鳅）（下文简称“泥鳅”），单养或混养均可。

泥鳅来源：

经国家批准有资质的苗种繁育场，并经检验合格。

消毒方法：

放养前 15 天，每亩稻田要用 20 公斤生石灰消毒。消毒工具使用前后，也要用 15 毫克 / 升的高锰酸钾溶液浸泡 15 分钟以上进行消毒，再用清水冲洗干净。

放养密度：

每尾体长 3~5 厘米的鳅种，每亩放养量为 1.0 万 ~1.5 万尾。

放养时间

最好在插秧后 10~20 天放养。

怎么投喂?

饲料选择：

选择配合饲料，饲料中的粗蛋白质含量不能低于 30%；选择农副产品，如玉米粉、麦麸、米糠、菜籽饼等。饲料应清洁卫生，未受污染。

每天投喂量：

配合饲料，按泥鳅总体重的 2%~3% 投喂，每次投喂以泥鳅能在 1 小时内吃完为宜，且水温高于 30 ℃、低于 10 ℃时不投喂；其他饲料根据泥鳅吃食的情况来定。

投喂方法：

饲料应投放在鱼沟和鱼溜内，每天投喂 2 次，上午 9~10 点和下午 5~6 点各 1 次。饲料要“青、粗、精”搭配，并且坚持定时、定位、定质、定量的“四定”投喂原则。

日常怎么管理？

水深、水质：

水稻生长期间，稻田水的深度应保持在 5~10 厘米；随着水稻长高，泥鳅长大，稻田水的深度可加深到 20 厘米；收割稻穗后，稻田水要保持水质清新，水深在 40 厘米以上。水质变化时，应换水或加注新水，还要定期疏通、清理鱼沟，保持适宜的鱼沟深度及水流畅通。

防逃措施：

定期检查拦鱼栅、田埂有无漏洞，下暴雨期间还要加强巡察，及时排洪、清除杂物。

防敌害措施：

及时清除、驱除稻田里的老鼠、水蜈蚣、蛇类、蛙类等敌害生物。

防病害措施：

泥鳅常见病害及其治疗方法参照表 3 执行。

表 3　泥鳅常见病害及其治疗方法

病害	主要症状	治疗方法
车轮虫病	摄食减少，离群独游，严重时虫体密布车轮虫	将 2% 的伊维菌素溶液稀释为 0.02~0.03 毫升 / 升浓度后，均匀泼洒养殖区。病情严重时，还要配合苦参碱溶液一起使用。用药后要注意给泥鳅增氧
小瓜虫病	皮肤、鳍、鳃上布满白色点状孢囊	每升水分别加辣椒粉 1.1~1.5 克、生姜 2.2~2.5 克，煮沸后泼洒养殖区，连用 2~3 天
赤皮病	鳍部、腹部皮肤与肛门周围充血、溃烂，尾鳍、胸鳍发白、腐烂	每升冷水放入 0.5 克鲜蟾酥，搅拌均匀后在均匀泼洒养殖区，每 3 天泼洒 1 次

续 表

病害	主要症状	治疗方法
细菌性肠炎	肛门红肿，挤压后有黄色黏液溢出，肠内呈紫红色	在每公斤饲料中添加 1.25 克大蒜素，连续投喂 3 天；或者每 100 公斤泥鳅，在其饲料中添加干粉状的地锦草、马齿苋、辣蓼各 500 克和食盐 200 克，每天上午、下午各投喂 1 次，连用 3 天
打印病	病灶红肿，多为圆形或椭圆形，而且主要分布在身体后半部	养殖区每升水体泼洒 2~4 克五倍子粉剂，连用 3 天

续　表

病害	主要症状	治疗方法
水霉病	体表长有白色或灰白色的棉状物或絮状物	用浓度为 0.3 毫升 / 升的水霉净均匀泼洒养殖区，每天 1 次，连用 3~5 天；或者将 20% 的戊二醛溶液、20% 的苯扎溴铵溶液分别稀释为 0.5 毫升 / 升、0.15 毫升 / 升浓度后，均匀泼洒养殖区，每天 1 次，连用 3~5 天；或者用 800 克 / 升的食盐、小苏打（1 ： 1）合剂均匀泼洒养殖区，每天 1 次，连用 2~3 天

怎么捕捞？

诱饵捕捞：

在鱼篓中放入炒香的麦麸、米糠及新鲜动物的内脏、蚯蚓等泥鳅喜食的饲料诱捕。

排水捕捞：

放干稻田水，待泥鳅聚集到沟、凼中时，用抄网捕捞。

注水捕捞：

在进水处控制水的流量，使进水呈微流水状，待泥鳅聚集时，用抄网捕捞。

第九篇

9

稻＋蛙种养模式

选择什么品种的蛙?

品种:

牛蛙、美国青蛙或黑斑蛙。

质量:

体格健壮，健康无伤病，活动力强。

牛　蛙

美国青蛙

黑斑蛙

食台如何搭建？

单个食台：

将长 0.5 米、宽 0.3 米的木条或竹条用铁钉固定，打造成框，再钉上聚乙烯密网片，拉直、绷紧，使其具有一定的弹性。将食台呈一定坡度放置，放置数量根据田块大小和蛙放养量而定，一般每 250~300 只幼蛙搭设 1 个食台。

整条食台：

在田埂与蛙沟之间，将聚乙烯密网分两边埋入地下，用和网等宽的竹筒将网布撑起、绷紧，并使其具有一定的坡度，每隔 2 米就要放置 1 个竹筒，形成楼梯状。

幼蛙怎么放养？

放养时间：

幼蛙投放选择在插秧结束后 10~15 天，秧苗返青成活后进行。

放养密度：

每亩放养体重为 20~30 克的幼蛙 1000~1500 只。

放养要求：

放养前，将幼蛙用 20 毫克 / 升的高锰酸钾溶液浸洗 20 分钟，或用 2%~4% 的食盐水浸洗 10~15 分钟。浸洗时间长短要根据幼蛙的体格及天气等情况灵活掌握。

怎么驯食？

饲养的蛙必须经过人工驯食，才会摄食饲料或其他不动的（非鲜活的）饲料。

驯食方法：
在人工颗粒饲料中拌入活的泥鳅、蚯蚓、粪虫等，利用这些动物的爬行来带动颗粒饲料滚动，蛙便会误把饲料当作活饵料吞入腹中。驯食时间一般在下田后 20 天左右。

怎么投喂？

投喂人工饲料：

人工饲料一般为自配饲料或商品全价颗粒饲料，其中的粗蛋白含量应达到 38% 以上，饲料粒径要与蛙的个体大小相适应。驯食蛙 20 天后开始投喂颗粒饲料，每次投喂量以蛙能在 2 小时内吃完为度，一般投喂量占蛙总体重的 2%~3%。天气晴朗时要多投喂，阴雨天要少投喂或不投喂。

补充天然饵料：

夏季晚上可以开灯诱虫，补充饲料来源。另外，还可以在防逃网内侧的田埂上培养鲜活饵料动物来投喂，比如：堆放经发酵的牛粪、作物秸秆来培养蚯蚓，或者利用废弃动物下脚料来养殖蝇蛆，或者在室内培育黄粉虫等鲜活动物饵料。

怎么管理？

日常管理：

坚持巡田，监测蛙的活动情况，做好防逃措施。同时，注意清除敌害，保持食台的干净、卫生。

越冬管理：

当水温降到 12 ℃以下时，蛙就会停食，进入冬眠，冬眠期一般为 11 月到第二年的 3 月。在进入冬眠期前，每亩稻田使用生石灰 10~15 公斤，对沟、凼进行带水消毒，然后将蛙和蝌蚪集中在凼中冬眠。蛙喜欢在避风、避光、温暖、湿润的环境中越冬，可以人为地创造适宜的环境条件，供蛙越冬。蛙还有挖洞潜伏的习性，可以事先在田埂四周填充松土，然后铺 1 层软质杂草，供蛙掘穴冬眠。越冬期间，稻田的水位最好保持在 0.8 米以上，并用草帘铺设在凼上，还要定期加注新水。

怎么防治病害？

红腿病

症状：

病蛙精神不振，活动能力减弱，腹部膨胀，口和肛门有带血的黏液，发病初期后肢趾尖红肿、有出血点并很快蔓延到整个后肢。

防治措施：

用 3%~5% 的食盐水浸泡病蛙 30 分钟。

白内障

症状：
病蛙眼睛出现如同白内障外观的症状。

防治措施：
在饲料中添加磺胺嘧啶，第一天每公斤蛙投喂 200 毫克，每天投喂 1 次，从第二天开始，用药剂量减半，连用 3~5 天。

肠胃炎

症状：

病蛙食量明显下降甚或停止摄食；在池中瘫软无力，捕起时缩头弓背；解剖可见胃外表有树枝状充血，胃黏膜出血，肠道外表发红，胃肠空。

防治措施：

用三黄粉拌饲投喂，连用 3~5 天。

附　录

名词解释

★ **饵料系数**：指在一定时期内鱼类消耗某种饵料重量和鱼类增加重量的比值，是评价不同饵料的营养价值和经济效果的指标。

★ **鱼长**：一般指鱼的全长，从鱼的口吻端到尾鳍末端的总长度。

★ **水花**：指由亲鱼产卵、受精孵化出的鱼苗至平游期的仔鱼。

★ **乌仔**：长度 1.0~1.5 厘米，一般指水花下塘后 7~10 天阶段。

★ **黄瓜片**：长度 2.0~2.5 厘米，形如黄瓜子大小，一般指水花下塘后 15~20 天阶段。

★ **寸片**：长度 3.0~3.5 厘米，一般指水花下塘后 25~30 天阶段。

★ **鱼苗**：指孵化出来的长度为 3 厘米左右的小鱼。

★ **鱼种**：指全身披鳞（无鳞鱼除外）的仔稚鱼到生长至形态和成鱼相似的幼鱼。

★ **亲鱼**：又叫亲本、种鱼，指用来繁育的鱼。

★ **商品鱼**：指规格较大的成鱼或食用鱼。